Mathi

begleitet dich durch das Heft
mit guten Tipps und Beispielen,
wie eine Aufgabe zu lösen ist.

Mein Name ist ______________________________.

Ich verbringe die Ferien mit Mathi.

Inhalt

Hier hat Mathi für jede Woche eine Zahlenfolge vorbereitet. Trage alle fehlenden Zahlen ein. Mit den Seitenzahlen werden die farbigen Felder ausgefüllt. Jede Seitenzahl darf nur einmal vorkommen.

1. Woche

2. Woche

3. Woche

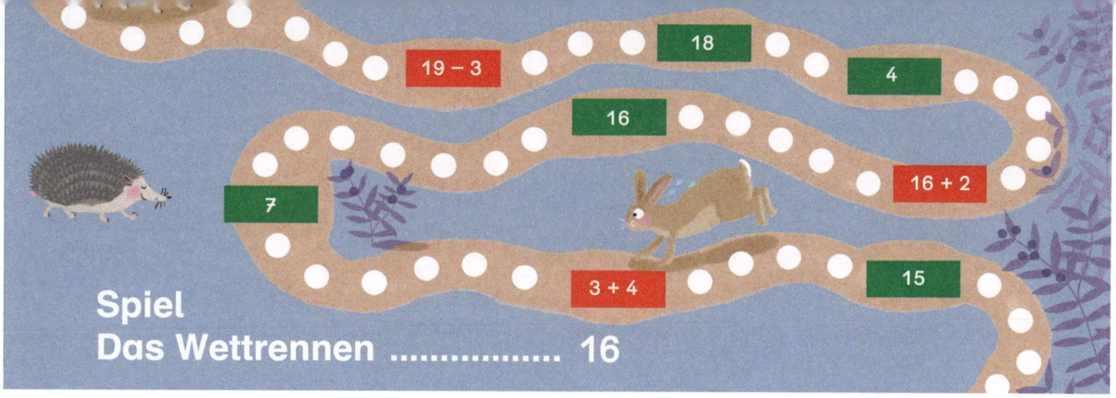

4. Woche

5. Woche

6. Woche

Auf dem Bauernhof

Hier stimmt doch etwas nicht! Kreise die 8 Fehler ein.

Milena zählt 7 Hühner.
Wie viele Beine haben sie zusammen? ______

Im Zirkus

Eva war im Zirkus und möchte jetzt ein Bild von dem Clown Peppino malen. Hut, Jacke und Hose sollen rot, grün oder blau sein. Peppino hat jede Farbe nur einmal an.

Male alle Möglichkeiten.

Mein Ferienstundenplan

	Montag	Dienstag	Mittwoch	Donnerstag	Freitag
1. Stunde	**sch**lafen	**K**akao trinken	**sch**lafen	**Z**ähne putzen	sich a**n**ziehen
2. Stunde	**B**uch lesen	bade**n**	Nudel**n** essen	B**o**ot fahren	Zirk**u**s
3. Stunde	**T**ierpark	Burg baue**n**	**B**ild malen	Apfel **e**ssen	Brief schr**ei**ben
4. Stunde	**S**pringseil	**O**pa besuchen	**F**ußball	**R**ätsel lösen	Eis **e**ssen

Hier kommt es darauf an,

Montag, 4. Stunde ☐

Donnerstag, 2. Stunde ☐

Dienstag, 2. Stunde ☐

Mittwoch, 2. Stunde ☐

Donnerstag, 3. Stunde ☐

Dienstag, 3. Stunde ☐

Montag, 1. Stunde ☐

Freitag, 3. Stunde ☐

Freitag, 1. Stunde ☐

Suche die Stunde im Ferienstundenplan und schreibe die roten Buchstaben auf. Du erhältst ein Lösungswort.

Mein Lösungswort: ____________________

Spieglein, Spieglein ...

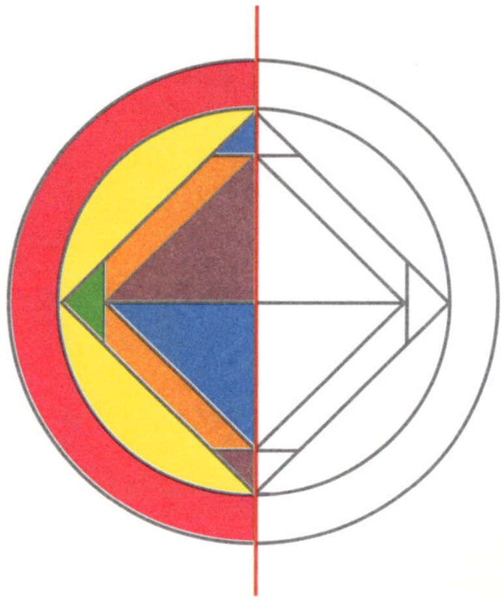

Male die Spiegelbilder mit den richtigen Farben an.

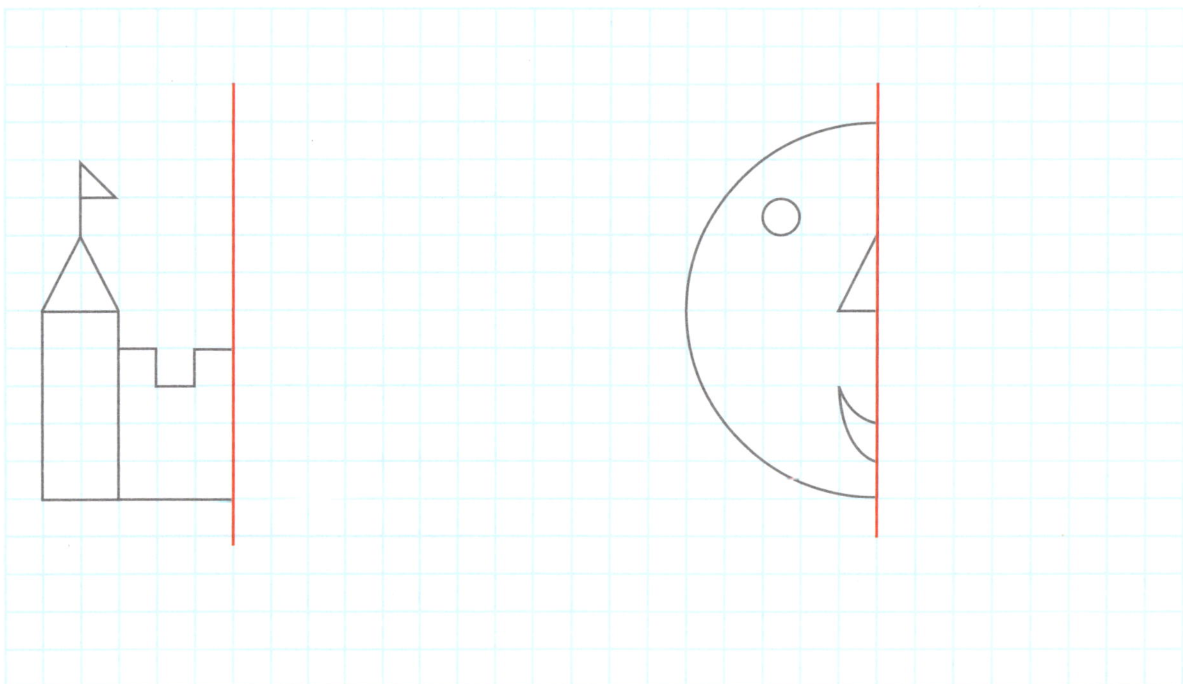

Zeichne die Spiegelbilder.

Sudoku

Bei diesem Sudoku-Spiel kommt es darauf an, dass Farben in einer ganz bestimmten Weise angeordnet werden.

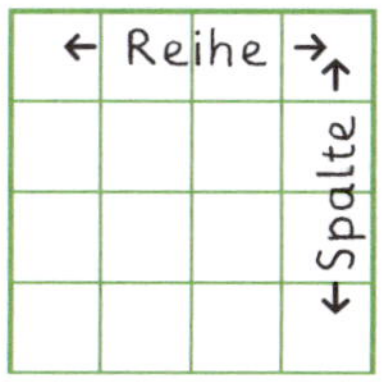

Male an.
Die Farben Gelb, Blau, Grün und Rot müssen in jeder Spalte und in jeder Reihe **genau einmal** vorkommen. Keine Farbe darf fehlen, keine darf doppelt sein.

Male an.
In diesem Sudoku müssen auch in jedem kleinen Vierer-Quadrat alle vier Farben vorkommen.

Schau genau!

Zähle alle Rechtecke.

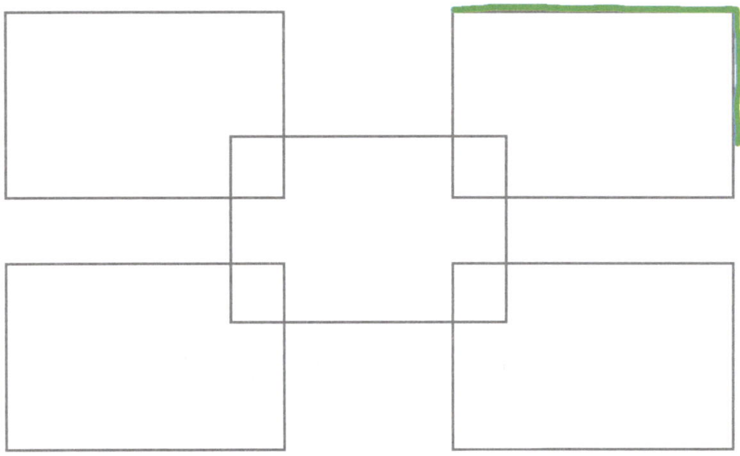

Es sind ______ Rechtecke.

Zähle alle Dreiecke und Quadrate.

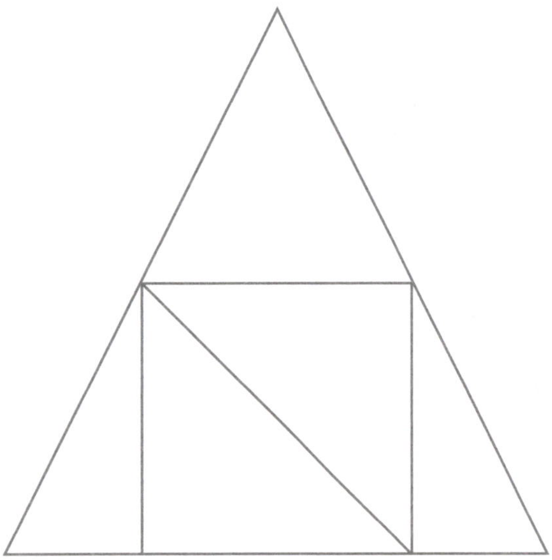

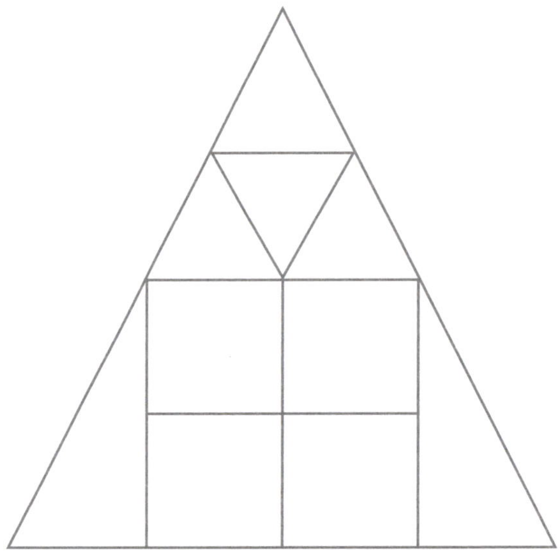

Es sind ______ Dreiecke.

Es sind ______ Quadrate

und ______ Dreiecke.

Die Rechenburg

Das Burggespenst hat Mathis Schlüssel geklaut und im Turm versteckt. Mathi kommt aber nur auf den Turm der Rechenburg, wenn er den Weg mit dem Ergebnis 20 geht.

Hilf ihm. Suche den Weg mit dem Ergebnis 20.

Der verhexte Goldschatz

Marissa und Alex entdecken im Wald ein geheimnisvolles Schloss.
Im Keller des Schlosses liegen 2 riesige Goldbarren.

Jetzt ist es so spät:  am Abend. Um  haben sich die Goldbarren verdoppelt. So geht es bis Mitternacht weiter.

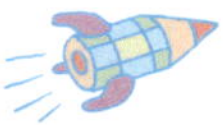

Wie viele Goldbarren lagern
um Mitternacht im Keller?

Um Mitternacht lagern ____ Goldbarren im Keller.

Die rätselhafte Schatztruhe

Im Keller des Schlosses entdecken Marissa und Alex auch noch eine riesige Schatztruhe. Die Zahlenkombination des Schlosses besteht aus den Zahlen **1**, **3** und **6**.

Wie oft müssen die Kinder höchstens probieren, bis sie die richtige Kombination gefunden haben?

Der Schatz, der kommt nicht von allein,

1. Versuch	1	3	6
2. Versuch			

Das Murmelspiel

Lukas, Benni, Max und Hannes treffen sich zum Murmelspielen.

Hannes hat 2 Murmeln mehr als Max.
Benni hat 4 Murmeln mehr als Max.
Max hat 3 Murmeln weniger als Lukas.

Male die Murmeln in die Behälter.

Die Blumenwiese

Auf der Wiese blühen viele Blumen. Jana möchte einen schönen Blumenstrauß pflücken.

So kannst du Blumen in einem Zug zeichnen. Fahre mit dem Finger die Linie nach.

Zeichne die Blumen und Schmetterlinge in einem Zug. Versuche es zuerst mit einem Bleistift.

Das Wettrennen

! Ihr braucht einen Würfel und für jeden Mitspieler eine Figur.

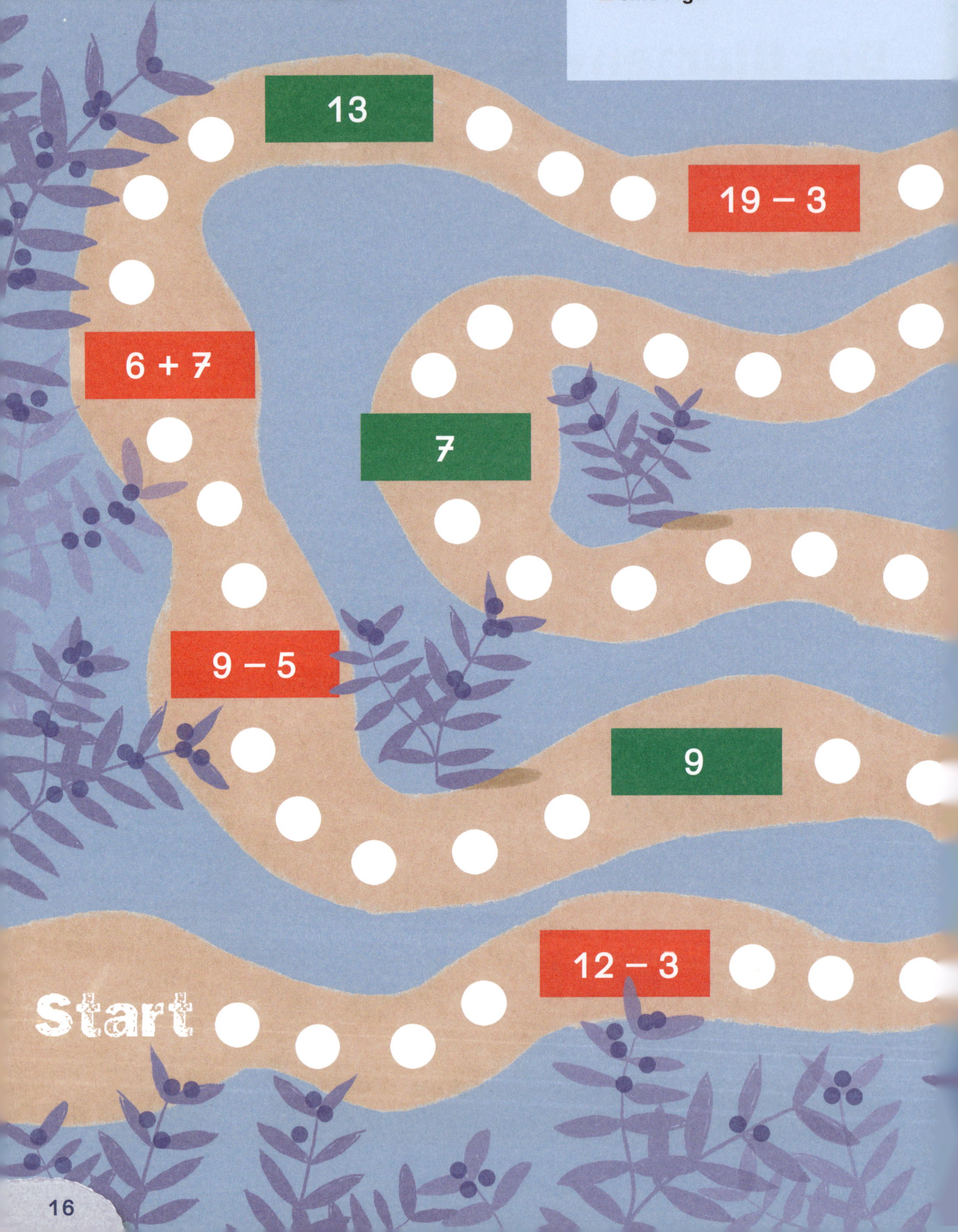

Aufgabenfelder

Kommst du auf ein Feld mit einer Aufgabe, dann setze deine Figur auf das Feld mit dem passenden Ergebnis.

Ergebnisfelder

Kommst du auf ein Feld mit einem Ergebnis, dann setze deine Figur auf das Feld mit der passenden Aufgabe.

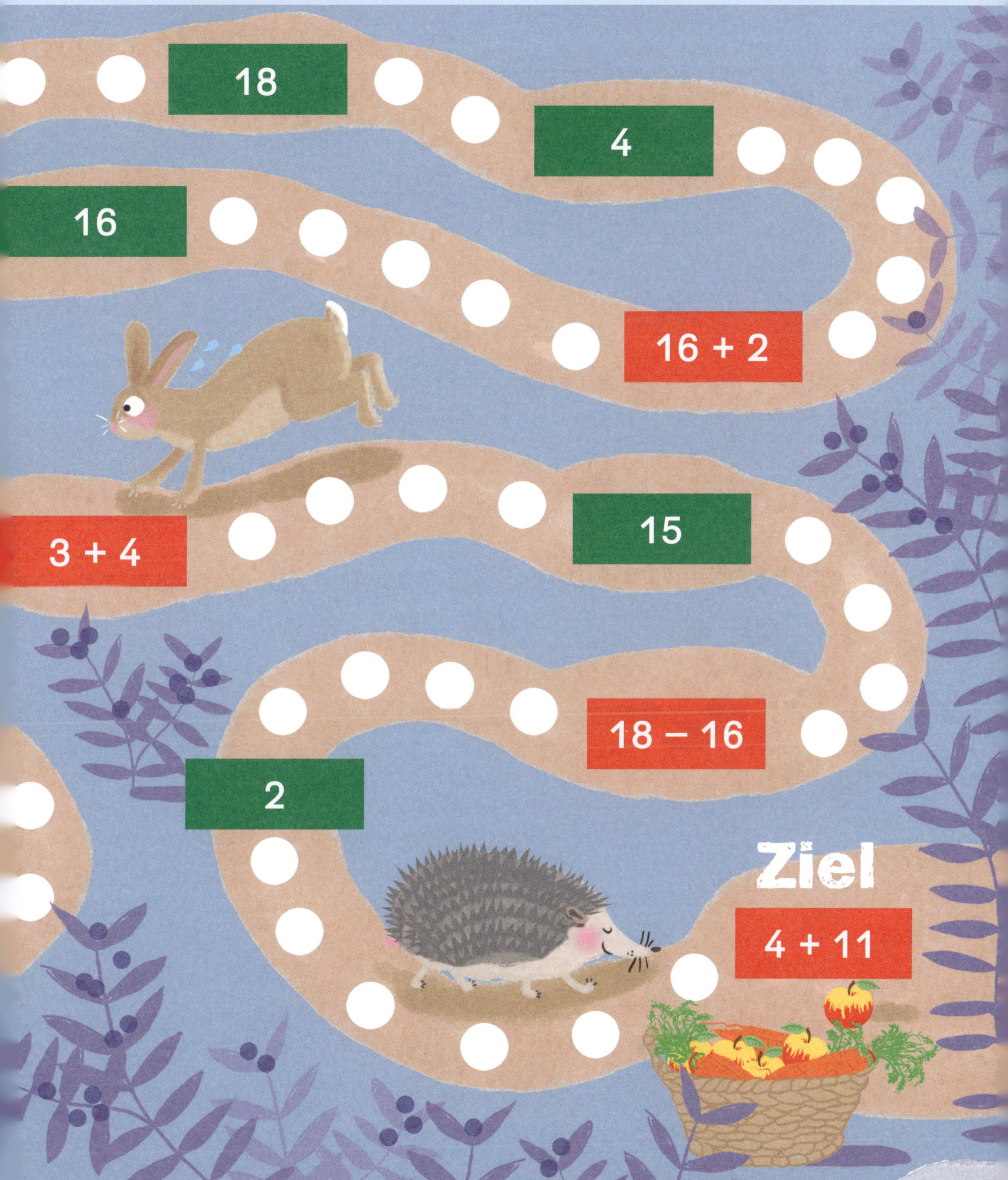

Freundschaftsbänder

Karola und Maike sind beste Freundinnen.
Sie haben sich Freundschaftsbänder gemacht.

Male das Muster weiter.

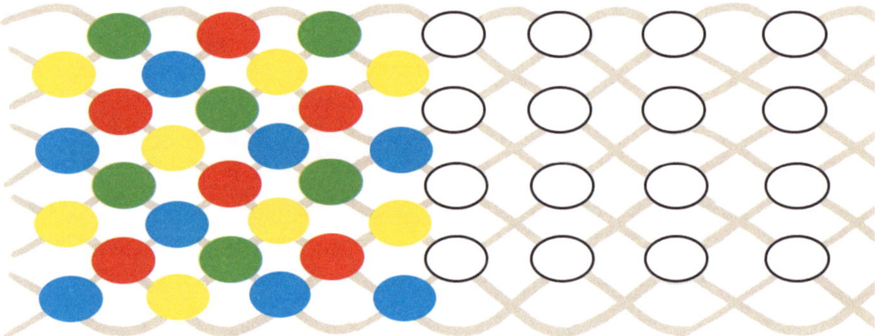

Erfinde ein eigenes Muster.

Pfadfinder

Pfadfinder finden immer den richtigen Weg.
Du musst von einem Feld zum anderen gehen.
Du darfst nur auf auf ein Feld
mit der **gleichen Farbe** oder
der **gleichen Form** gehen.

Suche den richtigen Weg.

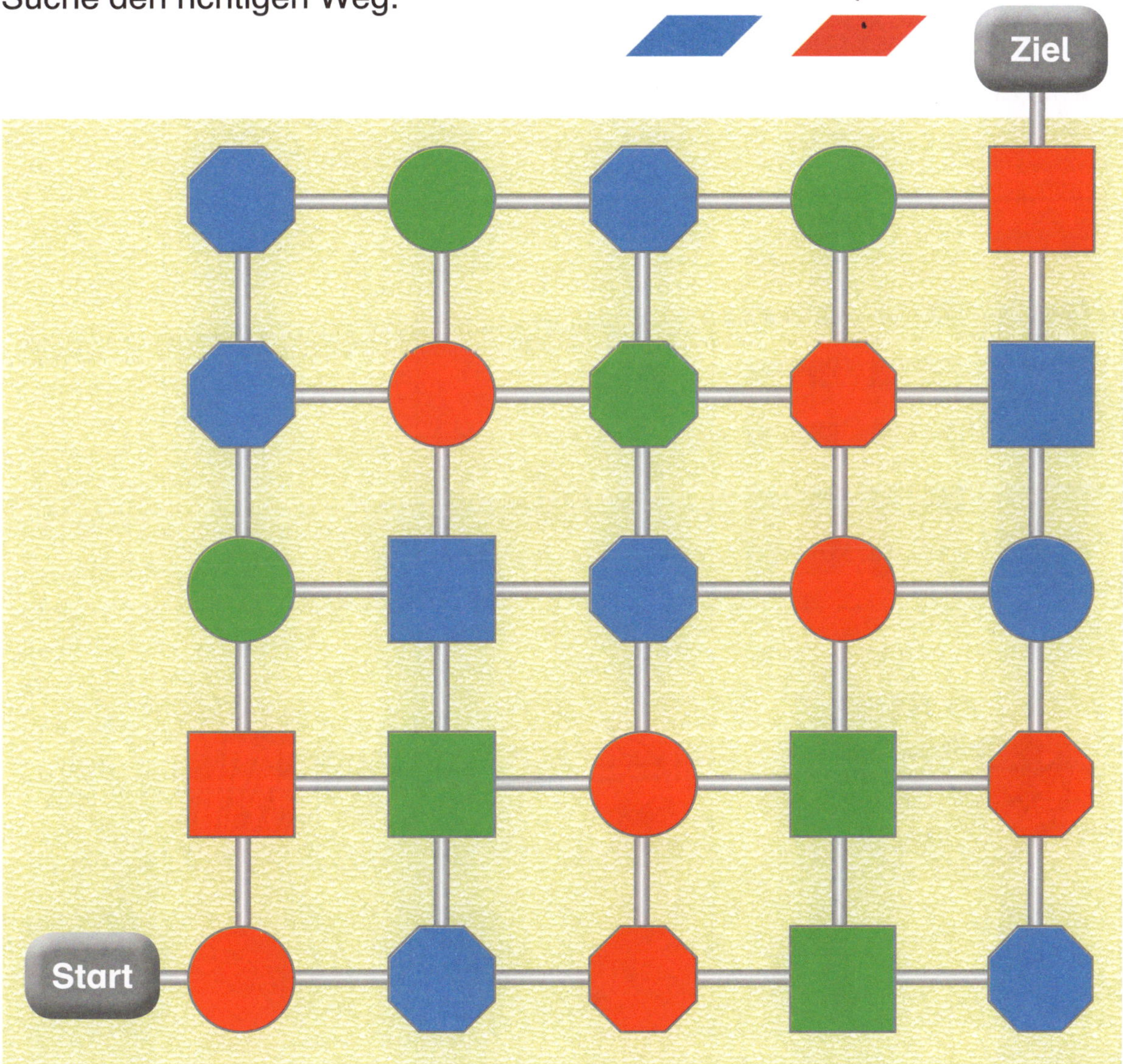

Indianerhäuptling

Mathi besucht ein fernes Indianerdorf.
Dort möchte er vom Häuptling lernen,
wie man Federschmuck macht.

Hier siehst du den Indianerteppich und den Federschmuck des Häuptlings. Verändere die Farben nach der Regel.

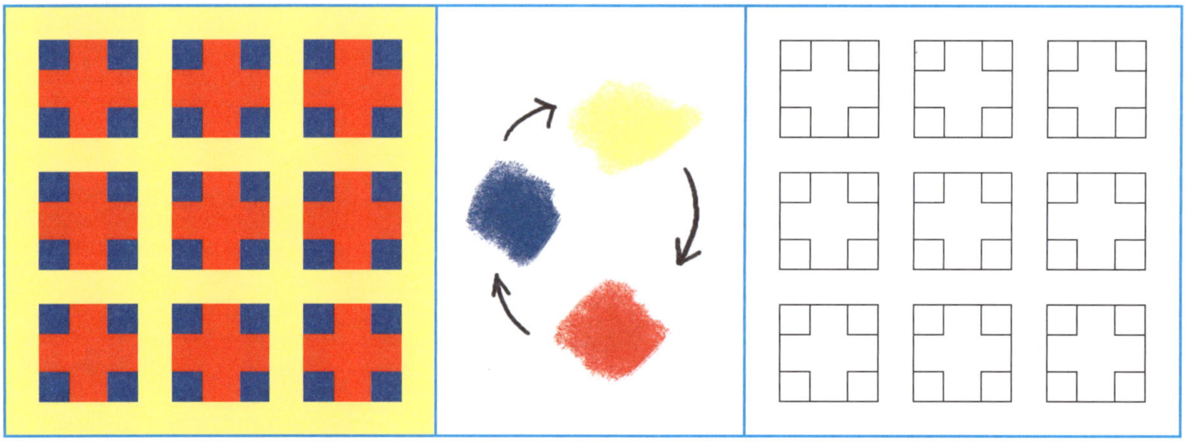

Hier bist du Lehrer

Wenn die Lehrer Ferien haben, übernehmen die Schüler das Kommando.

Fehler gibt es alle Tage,

Findest du alle Fehler?
Streiche die falschen Aufgaben durch.

16

$10 + 6 - 0 - 2$

$8 + 7 + 3 - 2$

$20 - 9 + 5$

$18 - 4 + 3$

$9 - 3 + 11$

$8 + 2 + 7 - 1$

$13 + 4 - 1$

$3 + 8 > 10$

$17 - 6 > 10$

$3 + 7 < 10$

$5 + 7 > 10$

$4 + 7 < 10$

$12 + 7 > 10$

$18 - 9 < 10$

$16 - 7 > 10$

$4 + 5 < 10$

$12 - 1 > 10$

Spielsachen sammeln

Du spielst mit zwei Würfeln.
Verdopple dein Ergebnis.
Suche das Feld mit deiner
Ergebniszahl und male es aus.
Wie lange brauchst du, bis du alle
Spielsachen eingesammelt hast?

Erdbeerbeete

Mario, Petra, Kevin und Luise wollen Erdbeeren pflücken. Jeder hat sich ein Beet ausgesucht.

Mario hat das größte Beet.
Petras Beet ist am zweitgrößten.
Luises Beet im am kleinsten.
Kevins Beet ist kleiner als Petras.

Schreibe die Namen zu den Beeten.

Im Spielzeugladen

Leon, Alisha und Lukas gehen in den Spielzeugladen.
Jeder will ein Spielzeug kaufen.
Aber leider reicht ihr Geld nicht.

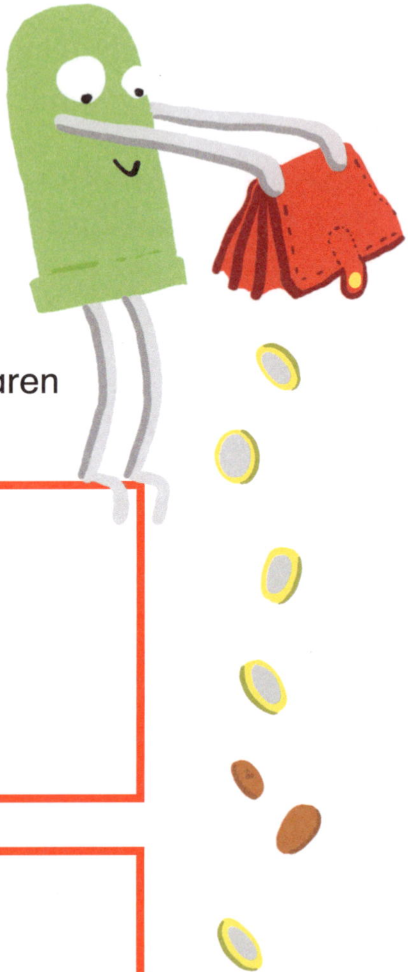

Wie viele Euro fehlen? Hilf ihnen beim Sparen und male das fehlende Geld dazu.

Mathis Bilderrätsel

Mathi hat vier Bilder mit den gleichen Gegenständen gemalt. Aber nicht alle Gegenstände sind auf allen Bildern zu sehen.

Welche Gegenstände findest du auf allen Bildern? Kreise ein.

Kuscheltiersuche

Um den richtigen Weg zu gehen,

Petra, Maria und Lisa können ihre Kuscheltiere nicht mehr finden.

Petras Kuscheltier ist dort:

(2 →) (↓8) (3 →) (↓1) (3 →)

Marias Kuscheltier ist dort:

(3 →) (↑8) (2 →) (↑1) (2 ←)

Lisas Kuscheltier dort:

(↓3) (8 ←) (↓4) (3 →) (↑1)

So liest du die Zeichen:

Hilf ihnen beim Suchen. Zeichne die Wege in das Gitternetz.

Start Petra	→	→							Start Lisa
		↓							
		↓							
		↓							
		↓							
		↓							
		↓							
		↓							
		↓							
Start Maria									

Häuser legen

Die Häuser kannst du aus Hölzern oder kleinen Ästen legen.

Lege diese Figuren nach.

Du brauchst 6 Hölzchen.

Du brauchst ____ Hölzchen.

Lege das Haus
mit 11 Hölzchen nach.

Wenn du ein Hölzchen richtig umlegst, erhältst du zwei Häuser.
Zeichne deine Lösung ein.

Fundstücke

Mathi möchte einen Hampelmann bauen.
Leider ist ein Teil verloren gegangen.

Male das fehlende Teil für den Hampelmann.

Welches Teil fehlt?
Male es dazu.

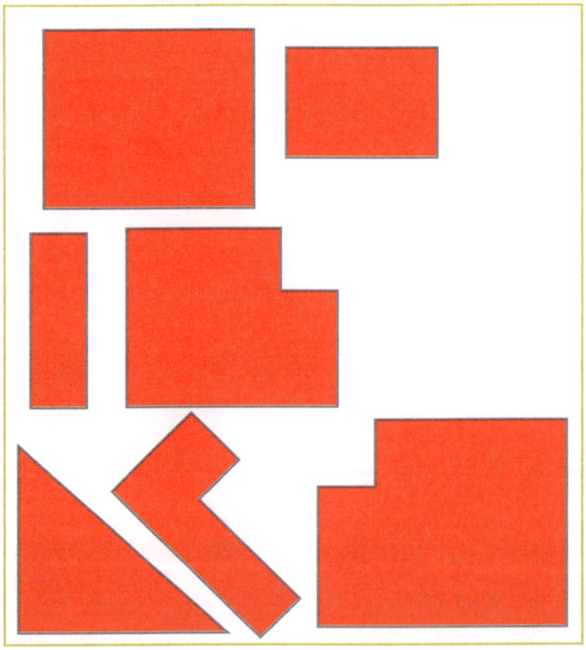

Reise durchs Heft

Seite 7 Welchen Gegenstand findest du im Stundenplan am Montag in der 2. Stunde?
Notiere den **1. Buchstaben**. .... [5]

Seite 9 Wie heißt das Spiel auf dieser Seite?
Du brauchst den **1. Buchstaben**. .... [1]

Seite 12 Was liegt im Keller des Schlosses?
Schreibe den **1. Buchstaben** auf. .... [8]

Seite 15 Was pflückt Jana?
Notiere den **3. Buchstaben**. .... [6]

Seite 20 Als was hat sich Mathi verkleidet?
Du benötigst den **2. Buchstaben**. .... [3]

Seite 23 Welche Frucht wird in den Beeten angebaut?
Notiere den **3. Buchstaben**. .... [4]

Seite 24 Wie heißt das Mädchen, das in den Spielzeugladen geht?
Schreibe den **1. Buchstaben** auf. .... [2]

Seite 26 Wem gehört der Teddy?
Du brauchst den **4. Buchstaben**. .... [7]

Deine Lehrerin freut sich über eine Ansichtskarte mit dem Lösungswort.

Lösung:

[1] [2] [3] [4] [5] [6] [7] [8]

Lösungen

5

7 Hühner haben zusammen 14 Beine.

6

7

Lösungswort: Sonnenschein

8

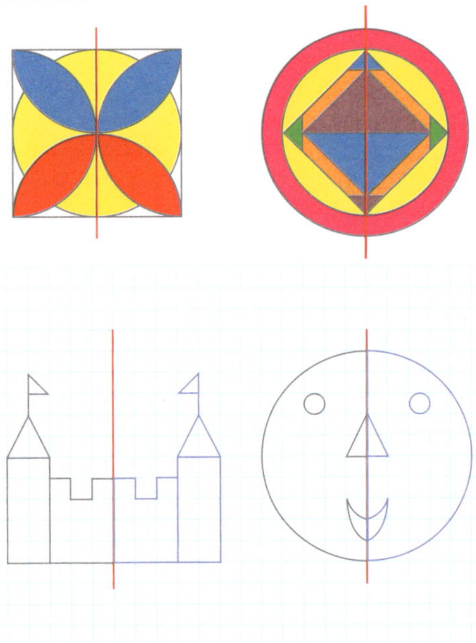

9

10

Es sind 9 Rechtecke.
Es sind 7 Dreiecke.
Es sind 5 Quadrate und 8 Dreiecke.

11

12

Um Mitternacht lagern 16 Goldbarren im Keller.

13

1. Versuch	1	3	6
2. Versuch	1	6	3
3. Versuch	3	1	6
4. Versuch	3	6	1
5. Versuch	6	1	3
6. Versuch	6	3	1

14

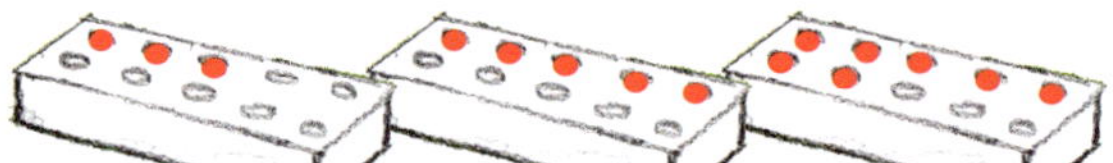

19

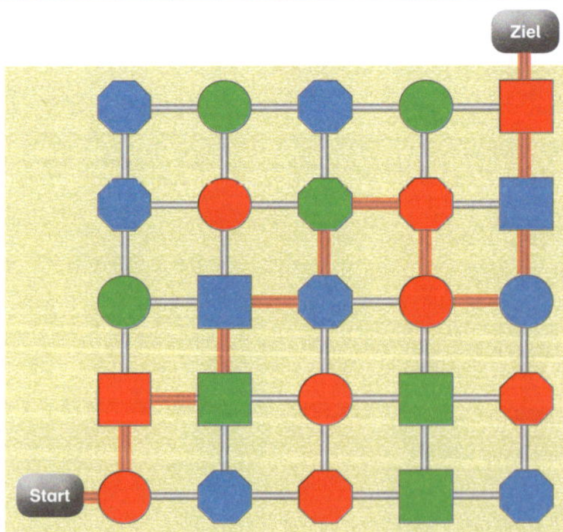

0

1

16

- ~~10 + 6 − 0 − 2~~
- 8 + 7 + 3 − 2
- 20 − 9 + 5
- ~~18 − 4 + 3~~
- ~~9 − 3 + 11~~
- 8 + 2 + 7 − 1
- 13 + 4 − 1

- 3 + 8 > 10
- 17 − 6 > 10
- ~~3 + 7 < 10~~
- 5 + 7 > 10
- ~~4 + 7 < 10~~
- 12 + 7 > 10
- 18 − 9 < 10
- ~~16 − 7 > 10~~
- 4 + 5 < 10
- 12 − 1 > 10

3

4

25

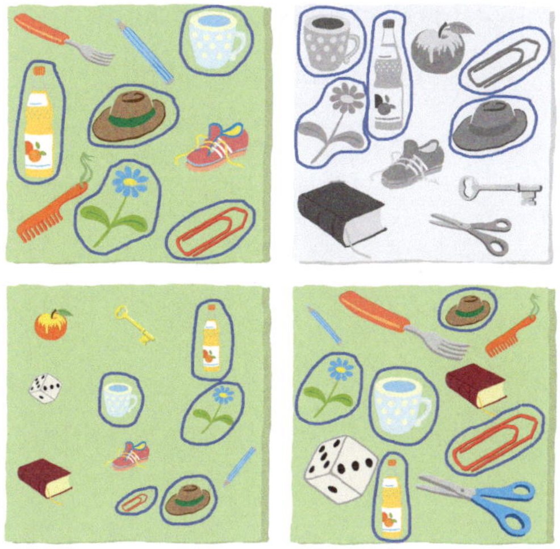

26

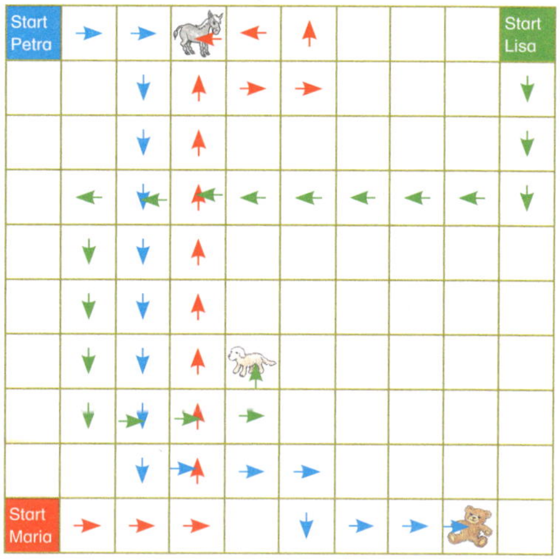

27

28

Dem Hampelmann fehlt: 

Dem Rechteck fehlt: 

29

Lösungswort: SANDBURG

Erarbeitet von Erwin Hajek
Redaktion Claudia Thomas
Illustration Barbara Jung
Innengestaltung Birgit Riemelt

Hinweise für die Erwachsenen

Ferien sind Ferien. Die Reise durch die Knobeleien, Aufgaben und Rätsel des Heftes soll den Kindern ein Vergnügen sein, freiwillig und spielerisch.
Manchmal wird es hilfreich sein, Bastelvorschläge oder ein Spiel gemeinsam anzugehen.
Dann macht es auch noch mehr Spaß.
Und wenn es Spaß macht, lernt man am besten.

Die hier aufgeführten Übungsaspekte in den Aufgaben und Spielen sind exemplarisch und nur zur Orientierung für interessierte Erwachsene:

4/5 Fehler finden, Kenntnisse über Tiere anwenden **6** Kombinationen finden
7 Sich auf dem Stundenplan orientieren **8** Figuren ergänzen **9** Systematisches Probieren
10 Geometrische Flächen erkennen **11** Addition/Subtraktion üben **12** Logisch kombinieren
13 Kombinationen finden **14** Logisch kombinieren **15** Zeichnen in einem Zug
16/17 Addition/Subtraktion üben **18** Muster fortsetzen **19** Nach Regeln vorgehen
20 Muster nach Vorschrift verändern **21** Fehler finden **22** Verdoppeln **23** Flächen vergleichen
24 Geldbeträge ergänzen **25** Gleiche Gegenstände identifizieren **26** Sich im Raum orientieren
27 Figuren nachlegen, Figur durch Umlegen verändern **28** Form in ihren Teilen wahrnehmen
Umschlag hinten Puzzleteile zusammensetzen